Rajat Sharma

Avaliação da atividade antibacteriana de complexos metálicos transitórios

Rajat Sharma

Avaliação da atividade antibacteriana de complexos metálicos transitórios

Métodos, técnicas e estudos relacionados

ScienciaScripts

Imprint

Any brand names and product names mentioned in this book are subject to trademark, brand or patent protection and are trademarks or registered trademarks of their respective holders. The use of brand names, product names, common names, trade names, product descriptions etc. even without a particular marking in this work is in no way to be construed to mean that such names may be regarded as unrestricted in respect of trademark and brand protection legislation and could thus be used by anyone.

Cover image: www.ingimage.com

This book is a translation from the original published under ISBN 978-3-330-08901-3.

Publisher:
Sciencia Scripts
is a trademark of
Dodo Books Indian Ocean Ltd. and OmniScriptum S.R.L publishing group

120 High Road, East Finchley, London, N2 9ED, United Kingdom
Str. Armeneasca 28/1, office 1, Chisinau MD-2012, Republic of Moldova, Europe
Printed at: see last page
ISBN: 978-620-7-44287-4

ÍNDICE DE CONTEÚDOS

RECONHECIMENTO

Devo esta oportunidade única de deixar registado o meu profundo sentimento de gratidão e de dívida para com o meu orientador e supervisor, Dr. Janmejay-Pandey, Professor Assistente, -Departamento de Biotecnologia, Universidade Centrai de Rajasthan, pela sua orientação escolar, sugestões prudentes e esforço persistente ao longo da -Dissertação.

Agradeço ao Professor Alditya Kumar Qupta, Diretor da Escola de Ciências da Vida, pelo seu apoio e orientação, e agradeço também ao Professor Associado Dr. Panlqj Qoyal pelo seu apoio e cooperação incondicional durante o curso da minha pós-graduação. Estou igualmente grato ao Sr. Avdhesh, ao Sr. Ashish e ao Sr. Lekah raj pelo seu apoio técnico.

Deixo registado o meu sentimento de gratidão a todos os que, direta ou indiretamente, deram a sua ajuda neste empreendimento. Em especial aos meus colegas e à minha irmã Sandeepa Sharma.

Por último, expresso a minha adoração abismal e devoção sincera aos meus queridos pais, à minha irmã mais velha e aos meus dois irmãos pelas suas inúmeras bênçãos, amor inigualável, afeto e inspiração incessante que me deram força para lutar contra todas as dificuldades e moldaram a minha vida e a minha carreira atual.

No final, devo registar o meu apreço por DEUS, que sempre foi a fonte da minha força, da minha inspiração e das minhas realizações.

Data: 8ᵗʰ maio, 2015   *Rajat Sharma*
Local: Bandarsindri

LISTA DE ABREVIATURAS

ºC	Degree Celsius
AMP	Antimicrobial peptides
DNA	Deoxyribonucleic acid
DMSO	Dimethyl sulfoxide
E.coli	*Escherichia coli*
mg	Milligram
ml	Milliliter
NA	Nutrient agar
NB	Nutrient Broth
Zn	Zinc
µl	Microlitre

1. INTRODUÇÃO:

1.1 Emergência de agentes patogénicos microbianos

Atualmente, compreendemos que a Terra é um planeta microbiano. As bactérias eram a forma de vida mais prevalecente na Terra e, no corpo humano, dos 100 triliões de células, apenas 1 em cada 10 é realmente uma célula humana, sendo as células duradouras microorganismos como bactérias e vírus. Estes microrganismos não são prejudiciais se estiverem em equilíbrio ideal com o corpo humano; desempenham um papel fundamental na sustentação e manutenção de várias funções no corpo. No entanto, quando este equilíbrio é perturbado e a diversidade bacteriana que está presente em diferentes partes do corpo humano é perturbada, dá origem a uma forma patogénica de bactérias e conduz a doenças infecciosas [1].

Historicamente, a infeção tem sido definida como um acontecimento que ocorre devido à deslocação da doença a partir de um miasma que foi gerado pelo processo de degradação e fermentação. Um dos passos importantes para a nova disciplina da bacteriologia clínica foi o trabalho de Louis Pasteur (1822-1895); Pasteur provou que o processo de geração de vida não é instintivo e que os microrganismos eram responsáveis pela fermentação e putrefação. Na mesma altura, o médico austríaco Philip Ignaz Semmelwis (1818-1868) descreveu de forma surpreendente a natureza infecciosa da febre puerperal e desenvolveu métodos fáceis e eficazes para a sua prevenção. Por outro lado, o cirurgião britânico Joseph Lister (1827-1912), através de vários estudos, desenvolveu métodos para a cura e prevenção de infecções de feridas através do ácido carbólico. Uma das descobertas mais importantes antes da teoria de Koch foi a descoberta de micróbios semelhantes a bastonetes no sangue de animais que sofriam de carbúnculo, efectuada pelo casimiro Joseph Davaine (1812-1882)[2].

Houve uma explosão de descobertas no mundo microbiano que começou com o trabalho de Pasteur. Como alguns deles foram destacados acima, o período de 1857 a 1914 foi apropriadamente chamado de "idade de ouro da microbiologia" e está associado a um rápido avanço neste domínio. Robert Koch foi o primeiro a provar que as bactérias causam efetivamente doenças, tendo descoberto o bacilo do carbúnculo. Koch isolou bactérias do seu sangue e comparou-as com as bactérias originalmente isoladas, tendo depois observado que ambas as culturas tinham as mesmas bactérias. Para além disso, organizou uma série de etapas experimentais e relacionou especificamente os micróbios com uma doença específica. Robert Koch propôs a teoria das doenças infecciosas (1809-1885). Henle optou por uma base hipotética para testar as suas doenças através da experimentação. A base do seu trabalho é o facto de ter separado as doenças em duas categorias: "toxicidade externa" e "toxicidade viva". Ele não conseguiu encontrar o fator que é a causa do sofrimento. A razão por detrás destas doenças "miasmáticas contagiosas" podem ser "parasitas", como alguns que foram vistos. Henle afirma que o contacto físico é responsável por provocar a infeção. É necessário reconhecer o agente infecioso escondido em cada corpo doente. Esta evidência deve ser reportada para esse agente específico que pode estar a provocar uma infeção específica. Todo este conceito deu origem à investigação de Koch, que está associada tanto à estimulação como à subtração[3].

A história revelou que o aparecimento de agentes patogénicos microbianos teve início com a descoberta da microscopia. Além disso, van Leeuwenhoek (1632-1722) descobriu a multiplicidade e a omnipresença dos micróbios através do aperfeiçoamento da microscopia. [th]Com a descoberta de um novo microscópio ampliado, este tornar-se-á uma bênção para o microbiologista e, num curto espaço de tempo, Koch apresentou os seus postulados relacionados com a patogénese dos micróbios e o seu trabalho sobre o carbúnculo e, mais tarde, sobre a tuberculose, revolucionou todo o cenário mundial e proporcionou um novo caminho aos investigadores para analisarem os vários resultados das infecções microbianas de uma forma abrangente.

1.1.1 Papel dos microrganismos patogénicos

Os microrganismos patogénicos estão normalmente associados a infecções e doenças. A interação entre o hospedeiro e os agentes patogénicos nem sempre é prejudicial e é evidente que nem todos os microrganismos patogénicos causam doenças. Mesmo um indivíduo normal tem um grande número de micróbios na sua boca, intestino e pele que não causam doenças. Desempenham um papel fundamental na digestão e síntese de algumas vitaminas no corpo humano. Os micróbios patogénicos são úteis para aumentar a imunidade do corpo, o que deve beneficiar o hospedeiro [5]. Para além dos microrganismos patogénicos, alguns outros micróbios desempenham um papel importante em vários processos, ou seja, na fotossíntese, os micróbios do solo ajudam na decomposição de resíduos e na produção de compostos orgânicos. Os micróbios têm várias aplicações comerciais. São utilizados na produção de produtos químicos como a acetona, os álcoois e os medicamentos. Os microrganismos são classificados como patogénicos e não patogénicos, mas, por vezes, os patogénicos não são prejudiciais para o corpo humano e, em equilíbrio regular, não devem afetar o corpo.

1.2 Descoberta de compostos bioactivos como anti-microbianos.

A história revela que os procedimentos de proteção ou de cura foram desenvolvidos muitos anos antes de Koch ter reconhecido que um determinado microrganismo causava uma doença. Os únicos procedimentos existentes na luta contra as infecções bacterianas eram a vacinação e a imunização passiva[6]. Edward Jenner tratou as epidemias de varíola com vacinação e, mais tarde, Pasteur descobriu o funcionamento correto da vacinação. Além disso, os povos antigos utilizaram plantas para curar uma variedade de infecções humanas causadas por micróbios patogénicos. A utilização de plantas medicinais convencionais para cuidados de saúde importantes tem aumentado gradualmente em todo o mundo nos anos actuais [7]. Quando se reconheceu a associação entre microrganismos e doenças, a procura de substâncias que pudessem matar os micróbios patogénicos sem matar o hospedeiro tornou-se o centro das atenções e a principal descoberta a este respeito foi a primeira síntese de medicamentos sintéticos por Paul Ehrilch, um médico alemão, que propôs a ideia de uma "bala mágica" que visa seletivamente apenas os micróbios causadores de doenças. A descoberta de medicamentos sintéticos desempenha um papel importante na descoberta de uma nova classe de antimicrobianos.

1.2.1 Evolução de novos agentes antimicrobianos

Em comparação com os medicamentos à base de sulfa, que foram conscientemente desenvolvidos a partir de uma série de produtos químicos industriais, deveria dar-se início à moderna "era dos antibióticos", que só é possível graças ao trabalho efectuado por Paul Ehrilch e Alexander Fleming. Este facto conduzirá ao avanço dos antimicrobianos, que começa com a descoberta da penicilina por Fleming, um antibiótico produzido por um fungo e que, mais tarde, deu origem a muitos novos antibióticos. Durante as décadas de 1950 e 1970, a descoberta de novos antibióticos atingiu o seu auge. Estes novos antibióticos desempenham um papel fundamental na inibição de várias espécies de bactérias patogénicas[8]. Uma vez que os antibióticos e os novos fármacos quimioterapêuticos desempenham funções vitais, o alvo potencial dos novos antibióticos é o metabolismo das bactérias, através do qual é fácil invadir a infeção, mas também estão associados a vários problemas. A maior parte dos antimicrobianos são excessivamente tóxicos para o ser humano, pois matam os micróbios nocivos, mas também prejudicam o hospedeiro infetado. Os novos antibióticos são designados como medicamentos milagrosos, mas também têm vários inconvenientes, tal como os outros.

1.3 Descoberta e emergência do fenótipo de resistência aos medicamentos.

thOs antibióticos têm sido constantemente considerados como uma das descobertas especulares do século XX. A resistência aos agentes antimicrobianos tem sido reconhecida desde o início da era dos antibióticos. Paul Ehrilch verificou que, durante o tratamento da infeção por tripanossomas, o organismo apresenta uma resistência específica ao agente utilizado. A resistência também é classificada como natural e adquirida, sendo que ambos os tipos dependem da suscetibilidade do organismo a um determinado medicamento[9]. No passado, a penicilinase bacteriana foi reconhecida antes da descoberta da penicilina e foram efectuadas modificações adicionais na penicilina para evitar a sua clivagem a partir da penicilinase bacteriana. Para além disso, a resistência ao antibiótico estreptomicina foi desenvolvida em micobactérias[10]. Os antecedentes históricos estão associados à resistência aos antibióticos, havendo muitas razões para o desenvolvimento de resistência contra os antibióticos e os medicamentos. Os antibióticos geralmente tratam o organismo infecioso, mas também matam outras bactérias não nocivas presentes no hospedeiro, o que perturba o equilíbrio natural da ecologia microbiana. Esta variação leva ao aparecimento de novos tipos de bactérias que são diferentes das existentes. Também altera a variante resistente aos medicamentos do tipo existente, o que leva à resistência aos antibióticos dessa estirpe. A resistência é desenvolvida a nível genético nas bactérias, as variações ocorrem em genes replicantes extra-cromossómicos chamados plasmídeos e, assim, a transferência do gene de resistência ocorre de um organismo para outro[11]. Muitos agentes patogénicos bacterianos associados a epidemias de doenças humanas apresentam formas multirresistentes aos antibióticos utilizados. Surge um termo conhecido como "superbactérias", que está associado aos micróbios que têm maior transitoriedade e morbilidade devido a várias mutações que proporcionam um elevado nível de resistência às classes de antibióticos [10]. O mecanismo desenvolvido pelos microrganismos patogénicos mostra complexidade com o desenvolvimento de novos antibióticos.

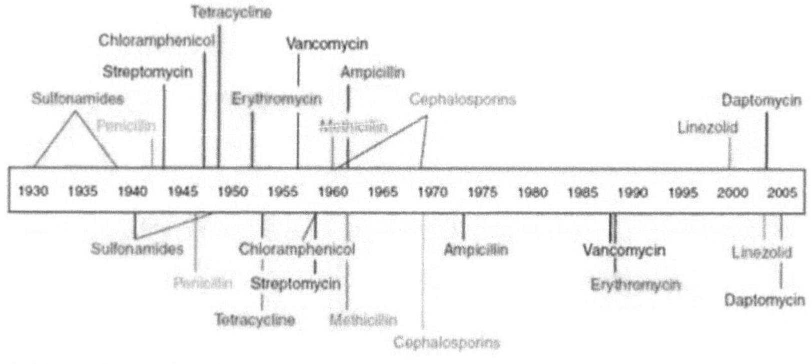

Figi. Cronologia da descoberta e desenvolvimento de antibióticos e emergência do fenótipo de resistência.

A Figi representa os vários desenvolvimentos em novas classes de antibióticos com a sua resistência no período de tempo relativo. O desenvolvimento dos antibióticos é mostrado acima da seta horizontal e a resistência é mostrada abaixo. A linha de cor diferente mostra os diferentes antibióticos no que respeita à sua resistência. O problema da resistência aos medicamentos antimicrobianos é muito preocupante e devem ser adoptados vários métodos inovadores para ultrapassar este problema em grande medida.

1.4 Estratégias alternativas para o tratamento de infecções microbianas

A resistência aos antibióticos é um dos maiores desafios do século XXI. Não se prevê o aparecimento de um novo antibiótico num curto espaço de tempo e verifica-se um enorme aumento do número de agentes infecciosos bacterianos que aceitam a resistência a muitos dos antibióticos. As ilusões e a má interpretação dos antibióticos como medicamentos milagrosos sem consequências desfavoráveis levam à sua utilização e recomendação inadequadas [11]. Para vencer este problema, devem ser desenvolvidos métodos alternativos para tratar infecções e doenças causadas por microrganismos patogénicos. As novas estratégias incluem nanopartículas, antimicrobianos sintéticos, probióticos, péptidos antimicrobianos e compostos metálicos transitórios. A resistência aos medicamentos implica a utilização de doses elevadas de antibióticos e resulta numa toxicidade insuportável. É também a razão do desenvolvimento de novas estratégias eficazes para tratar doenças bacterianas e as partículas à escala nanométrica surgiram como novos agentes antimicrobianos. Actuam como transportadores de antibióticos. As nanopartículas possuem uma elevada relação entre a área de superfície e o volume, o que as torna adequadas para invadir a infeção [12]. As nanopartículas de prata são utilizadas como agente antimicrobiano em várias investigações, uma vez que, desde cedo, se sabe que a prata tem propriedades antimicrobianas e esta aplicação é utilizada para inibir o crescimento bacteriano e também em trabalhos dentários e para a cicatrização de feridas queimadas [13]. A principal propriedade das nanopartículas é o facto de, ao reduzir o tamanho das partículas, se tornarem uma ferramenta proficiente e consistente para melhorar a compatibilidade das partículas. A atividade antimicrobiana das nanopartículas de prata deve ser avaliada para várias bactérias e é também realizada para a *E.coli*, mostrando resultados proeminentes [14]. O outro método é a utilização de AMPs. Os péptidos antimicrobianos têm sido considerados como um método eficaz para os antibióticos habituais na luta contra os agentes patogénicos multirresistentes e na prevenção da formação de biofilmes patogénicos. Estes compostos foram originalmente reconhecidos em rãs e insectos e depois foram isolados das células e dos tecidos. Os AMPs possuem propriedades gerais de carga negativa líquida em baixa concentração, uma vez que o seu modo de ação ainda não é totalmente conhecido, apresentando um mecanismo diferente em relação às células microbianas e às células dos mamíferos, que se inserem quando entram em contacto com a superfície externa da célula [1]. Os probióticos são também utilizados como um método alternativo para prevenir e tratar doenças humanas. Podem exercer vacilações no microbioma intestinal através de vários mecanismos simples que resultam na estabilização da saúde do hospedeiro. Possui propriedades únicas específicas para cada espécie de estirpe e o mecanismo seguido é o mesmo que o do microrganismo [15]. De todas as estratégias, os compostos de complexos metálicos transitórios mostram algumas propriedades únicas de outros agentes anti-microbianos.

1.5. Revisão da literatura

1.5.1 Compostos de metais de transição como agentes antimicrobianos

Nos sistemas vivos, os elementos metálicos desempenham um papel crucial. Os elementos metálicos adquirem várias características distintivas que são necessárias para todas as formas de vida. Estes elementos metálicos pertencem à série de metais conhecidos como metais de transição ou metais de transição. Os metais de transição ocupam a grande secção intermédia ladeada pelos blocos s e p na tabela periódica. Assim, estes elementos representam os elementos do bloco d da tabela periódica, que pertencem aos grupos III e XII da tabela periódica. O nome "transição" é dado a estes elementos devido à sua posição entre os elementos dos blocos s e p. . As suas conchas "d" estão em processo de preenchimento, ou seja, têm uma orbital "d" meio preenchida. A presença de orbitais d parcialmente preenchidas nestes metais torna o estudo destes metais e dos seus compostos diferente do dos elementos do grupo principal[16]. Esta propriedade dos metais de transição leva à formação de complexos de coordenação. Um complexo de coordenação é constituído por um átomo ou ião central, geralmente metálico e designado por centro de coordenação, e por um conjunto de moléculas ou iões ligados que são conhecidos por ligandos. Os metais de transição apresentam diversas propriedades químicas, ópticas e magnéticas devido às suas características.

1.5.1.1 Características gerais dos metais transientes:

Estados de oxidação: uma das características distintivas dos metais de transição é o facto de apresentarem estados de oxidação variáveis. O estado de oxidação varia de +2 a +7, por exemplo; o manganês apresenta todos os estados de oxidação. A inconsistência do estado de oxidação deve-se ao preenchimento incompleto da orbital d-. Esta propriedade dos metais de transição ajuda-os a interagir com diferentes tipos de moléculas de carga negativa. Esta capacidade destes metais deu início ao desenvolvimento de medicamentos à base de metais com aplicações farmacológicas prometedoras e pode oferecer diferentes oportunidades terapêuticas [16]. Os metais de transição são capazes de perder facilmente electrões para formar iões com carga positiva, pelo que o seu comportamento é catiónico, o que se deve à variação dos seus estados de oxidação. Esta propriedade de formar iões com carga positiva tende a tornar-se solúvel em fluidos biológicos. O carácter deficiente em electrões dos metais também surge devido à propriedade do estado de oxidação variável e, devido ao carácter deficiente em electrões, os metais desenvolveram a tendência para se ligarem e interagirem com as moléculas biológicas porque a maioria das moléculas biológicas, como as proteínas e o ADN, são ricas em electrões [17].

Propriedades magnéticas: muitos compostos de metais de transição apresentam propriedades magnéticas, sendo caracterizados como paramagnéticos e diamagnéticos. Os compostos que são atraídos por um campo magnético são designados paramagnéticos, enquanto os que são repelidos por um campo magnético são designados diamagnéticos. O comportamento magnético dos compostos deve-se à rotação dos electrões no átomo. Os compostos que apresentam spin de electrões não emparelhados são paramagnéticos e os que apresentam spin de electrões emparelhados são diamagnéticos. Estas propriedades magnéticas dos metais de transição devem-se a orbitais d parcialmente preenchidas.

Cor: os complexos de metais de transição possuem cores diferentes. A cor dos complexos está associada à sua capacidade de promover um eletrão de um nível de energia para um nível de energia superior e de absorver a luz de um determinado comprimento de onda. Este fenómeno surge devido à orbital d parcialmente preenchida nos metais de transição. Há uma exceção em que alguns complexos não têm qualquer cor, o que se deve ao facto de as orbitais d estarem completamente preenchidas ou vazias nestes complexos, não havendo promoção de electrões no nível d.

Propriedades catalíticas: esta propriedade dos metais de transição e dos seus complexos é uma propriedade fundamental que é utilizada nos sistemas biológicos para realizar várias funções. Os metais transientes desempenham uma grande variedade de tarefas no nosso corpo. Nos sistemas biológicos, as enzimas são os catalisadores que aumentam as taxas de reacções específicas. Funcionam em condições moderadas e aumentam a velocidade da reação. Muitas enzimas requerem a presença de iões metálicos como co-factores, sendo designadas por metaloenzimas. O melhor exemplo é o transporte de oxigénio pelo corpo, que é feito pela hemoglobina, que utiliza iões de ferro como co-fator, que se liga ao oxigénio e o transporta para todos os tecidos do corpo. Outros iões metálicos, como o Zn^+, estão associados à regulação da função dos genes nos núcleos das células e o zinco é também essencial para o metabolismo do açúcar. Os iões metálicos, como o cobre, o manganês e o cobalto, estão também presentes nas proteínas catalíticas, que são submetidas a várias reacções químicas vitais necessárias à vida [16], e estes metais ajudam o processo de oxidação-redução a manter o equilíbrio, sendo que alguns destes metais são também acompanhados por processos hidrolíticos [18].

Os complexos de metais de transição são fáceis de sintetizar e também existe uma oportunidade para a modificação dos seus grupos laterais, pelo que se estão a tornar numa ferramenta promissora na descoberta de medicamentos [16]. Com esta caraterística fundamental e outras propriedades acima enumeradas, estes complexos metálicos estão a ganhar uma importância cada vez maior em várias investigações biológicas. Estes complexos mostram um desenvolvimento na conceção de medicamentos respiratórios, de libertação lenta e de ação prolongada [17], bem como um avanço significativo na utilização como medicamentos para tratar várias outras doenças, como carcinomas, linfomas, controlo de infecções, diabetes, doenças anti-inflamatórias e neurológicas [16].

Estudos revelaram que os organismos patogénicos desenvolveram resistência aos antibióticos convencionais e que a descoberta de novos antibióticos constitui um desafio técnico. Estes complexos de metais de transição revelaram-se agentes eficazes contra vários microrganismos patogénicos. São utilizados no tratamento de várias doenças e desempenham um papel fundamental na bioquímica medicinal. Os metais de transição actuam como agentes anticancerígenos, anti-infecciosos, anti-diabéticos e também são úteis no fabrico de medicamentos neurológicos. O medicamento anti-cancerígeno desenvolvido a partir de metais de transição é o medicamento à base de platina, que existe há muitos anos e com a síntese da "cisplatina", que é eficaz contra vários tipos de cancro. Os metais de transição, como a prata, são utilizados como agentes antimicrobianos desde a antiguidade para curar vários tipos de infecções microbianas. A principal importância dos metais de transição é na diabetes, em que os medicamentos à base de vanádio são utilizados para tratar a diabetes [19]. Assim, o papel dos metais de transição é importante para curar vários tipos de doenças humanas. É bem sabido que os complexos metálicos desempenham um papel fundamental na indústria farmacêutica, mas também estão associados à aplicação na agricultura. Os metalo-elementos presentes em quantidades ínfimas desempenham um papel essencial no sistema vivo a nível molecular. Estes iões de metais de transição são responsáveis pela execução adequada de diferentes enzimas. As abordagens recentes para desenvolver vários fármacos anti-cancro utilizando outros metais de transição como o ouro e o cobalto estão no auge [20]. Nos sistemas vivos, actuam como co-factores que estimulam a atividade de várias enzimas para realizar diversas funções úteis no organismo. Os compostos de metais de transição actuam como agentes anti-inflamatórios, uma vez que estes metais estão a ser utilizados neste processo. Vários complexos de ouro infusíveis, como o aurotiomalato de sódio e a aurotioglucose, são utilizados no tratamento da artrite reumatoide e outros complexos de prata apresentam actividades anti-inflamatórias [16].

Nos últimos anos, foram sintetizados muitos novos metais de transição e analisada a sua atividade antimicrobiana contra várias espécies de bactérias gram-negativas e gram-positivas. No presente estudo, a atividade antimicrobiana de alguns complexos de metais de transição foi estudada tomando *E.coli* como organismos modelo para bactérias gram negativas.

2. Objetivo do estudo

O principal objetivo do presente estudo foi avaliar a atividade antimicrobiana de complexos metálicos transitórios sintetizados pelo nosso grupo de investigação em colaboração na Universidade Católica do Rajastão.

3. Objetivo específico

Estudo antibacteriano de largo espetro de compostos de metais de transição utilizando *E.coli* como sistema modelo para bactérias gram negativas.

4. Materiais e métodos

4.1 Materiais

4.1.1 Compostos de metais de transição

Os compostos de metais de transição foram sintetizados pelo departamento de farmácia, tendo sido seleccionados 15 compostos para a avaliação das actividades antibacterianas. Estes metais são-nos dados sob o nome de código, pelo que é realizado sob metodologia cega. São apresentados na tabela seguinte

Tabela. Nomes de compostos de metais de transição

S.No.	Compound code	Compound symbol	Quantity(mg)
1.	C.C.1	TMCMP003-093	2.5
2.	C.C.2	TMCMP003-106	2.2
3.	C.C.3	TMCMP003-094	1.9
4.	C.C.4	TMCMP003-070	1.9
5.	C.C.5	TMCMP003-061	2.1
6.	C.C.6	TMCMP003-062	2.3
7.	C.C.7	TMCMP003-063	2.1
8.	C.C.8	TMCMP003-071	2.3
9.	C.C.9	TMCMP003-066	2.2
10.	C.C.10	TMCMP003-098	2.2
11.	C.C.11	TMCMP003-065	2.7
12.	C.C.12	TMCMP003-111	2.3
13.	C.C.13	TMCMP003-060	2.2
14.	C.C.14	TMCMP003-076	2.6
15.	C.C.15	TMCMP003-068	2.5

4.1.2 DMSO

4.1.3 O dimetilsulfóxido é um solvente dipolar aporético. Tem afinidade para aceitar protões e, devido a esta propriedade, é diferente de outros solventes polares, como a água e o álcool. Dissolve tanto compostos polares como não polares e é miscível em vários compostos orgânicos [21]. O DMSO é utilizado como solvente neste estudo e também como controlo negativo durante a realização do ensaio de difusão em poços.

4.1.4 Bactérias

4.1.5 Classificação de *E.coli*

4.1.6 *A Escherichia coli* é a bactéria mais comum da família Enterobacteriaceae. Está associada à razão mais comum das infecções oportunistas. É utilizada como representante dos microrganismos gram-negativos.

Domain	Bacteria
Phylum	Proteobacteria
Class	Gammaproteobacteria
Order	Enterobacteriales
Family	Enterobacteriaceae
Genus	*Escherichia*
Species	*Coli*

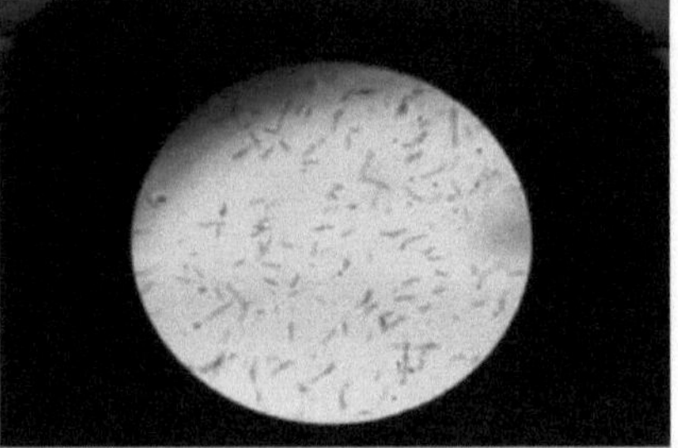

Tabela! Classificação de *E.coli* Fig2. Coloração de Gram de *E.coli*

A E.coli é uma bactéria gram-negativa, em forma de bastonete, habitante normal do trato gastrointestinal inferior de animais de sangue quente. No início, era considerada não prejudicial, mas atualmente está associada a vários tipos de infecções no corpo. No presente estudo, foi utilizada a estirpe dh5-a de *E. coli*.

4.2 Métodos

4.2.1 Preparação de meios de cultura em ágar nutriente.

O Ágar Nutriente é um meio composto porque a quantidade ou o tipo da sua composição é desconhecida. O meio Nutrient Agar contém extrato de carne de bovino, peptona e ágar. Os extractos de carne de bovino e de levedura, quimicamente não definidos, fornecem aminoácidos e outros macronutrientes, como ácidos nucleicos, gorduras e hidratos de carbono. A peptona é a caseína que fornece aminoácidos. O ágar é um polímero de ácido galacturónico purificado a partir das paredes celulares de algas vermelhas. O ágar não tem valor nutritivo, sendo utilizado para a solidificação do meio. Trata-se de um meio não seletivo, pelo que a vantagem do meio Agar Nutriente é que suporta o crescimento de uma vasta gama de micróbios.

Table3. Composição do ágar nutriente

	NUTRIENT AGAR MEDIUMCOMPOSITION	
S.NO.	INGREDIENTS	GRS/LITRE
1	PEPTIC DIGEST OF ANIMAL TISSUE	5.00
2	BEEF EXTRACT	1.50
3	YEAST EXTRACT	1.50
4	SODIUM CHLORIDE	5.00
5	AGAR	15
6	FINAL pH at 25^0 C	7.4 ±0.2

Requisitos de material

Caldo nutritivo (empresa Microgen), ágar (empresa Hi-Media), balança, balão de 1000 ml, proveta graduada de 1000 ml, espátula, placa quente ou micro-ondas, algodão, papel esmaltado, folhas de alumínio, água destilada, marcador, placas de Petri, bico de Bunsen, L.A.F., etanol a 70%, tabuleiro de transporte e autoclave.

Procedimento

1. Pesar 3,25 g de caldo nutritivo e 3,75 g de ágar com a ajuda de uma espátula estéril em papel glaceado estéril ou folhas de alumínio.

2. Medir 250 ml de água destilada com uma proveta graduada de 500 ml e deitar no balão de 500 ml.

3. Adicionar 3,25 gramas de caldo nutritivo a 200 ml de água e misturar bem.

4. Verificar o pH com o medidor de pH auxiliar, que deve ser de 7 pH.

5. Adicionar agora 3,75 g de ágar, seguido de aquecimento em placa quente ou micro-ondas para uma boa solubilização do ágar

6. Depois de bem misturado, o frasco foi tapado com algodão e a boca do frasco foi tapada com alumínio.

7. Em seguida, procede-se à autoclavagem a $121°$ C, 15 psi de pressão durante 20 minutos.

8. Iniciar o L.A.F. e ligar a luz ultravioleta durante 20 minutos.

9. Limpar a zona da bancada de trabalho com etanol a 70 %.

10. Verter 25 ml do meio quando este arrefecer a cerca de $45°$ C em placas de Petri.

11. Selar as placas de Petri com a ajuda de parafina.

12. Incubar as placas vertidas a $37°$ C para determinação da contaminação.

13. Tomar as precauções de esterilização por chama da boca do frasco depois de cada verter, etiquetar a placa de Petri (isto é, nome e data do meio).

4.2.2 Coloração de bactérias pelo método de Gram

Isto é feito para diferenciar as bactérias em gram-negativas ou gram-positivas.

Material necessário: lâminas de vidro limpas, bico de Bunsen, conta-gotas, ansa de inoculação, microscópio, óleo de imersão, água destilada e cultura bacteriana.

Reagentes necessários:

1. Coloração primária - violeta cristal

2. Mordente - gramas de iodo

3. Descolorizante - Álcool etílico

4. Coloração secundária - safranina

No presente estudo, deve ser seguido o procedimento normalizado para a coloração de Gram.

1. Preparação da lâmina de vidro para microscópio.
2. Rotulagem das lâminas.
3. Preparação do esfregaço.
4. Fixação do calor.

Procedimento de coloração de Gram

1. Colocar a lâmina com o esfregaço misturado a quente no tabuleiro de coloração.
2. Deitar uma gota de violeta cristal no esfregaço e deixar atuar durante 1 minuto.
3. Em seguida, lavar suavemente o esfregaço com água da torneira ou água destilada.
4. De seguida, colocar uma gota de iodo em grama sobre o esfregaço e deixar repousar durante 1 minuto.
5. Lavar a lâmina com água da torneira e o esfregaço aparecerá com uma cor púrpura.
6. Agora, aplique o álcool, gota a gota, durante 5 a 10 segundos, que actuará como descolorizante.
7. Depois disso, enxaguar rapidamente com água e, em seguida, adicionar uma gota de safranina para contra-manchar e deixar atuar durante 45 segundos.
8. Enxaguar com água da torneira e depois secar com papel absorvente.
9. Visualizar o esfregaço utilizando o microscópio de luz sob imersão em óleo. O esfregaço é visualizado num microscópio de luz simples da Labomed. A coloração de gram de *E.coli* é mostrada na fig.2 desta secção.

4.2.3 Obtenção de colónias discretas da estirpe *E.coli.*

4.2.3.1 O método da placa de Streak é realizado para obter colónias distintas e culturas puras. Neste método, uma ansa esterilizada ou uma agulha de transferência é curvada para dentro da suspensão de organismos, após o que se faz uma estria na placa de ágar solidificada. As estrias não devem ser sobrepostas. Através deste método, obtêm-se colónias puras de microrganismos, ou seja, uma única colónia.

Requisitos: Suspensão de *E.coli* estirpe DH5-a, placas de ágar nutriente, ansa de inoculação, bico de Bunsen, etanol a 70% e marcador permanente.

Procedimento

1. Em primeiro lugar, etiquetar as placas, no fundo, com a estirpe DH5-a de *E.coli,* com a ajuda de um marcador permanente.

2. Esterilizar a ansa de inoculação com o bico de Bunsen e depois deixá-la arrefecer durante cerca de 25 segundos.

3. Segurar o tubo ependoff que contém a suspensão da estirpe bacteriana com a mão esquerda.

4. Introduzir a ansa no tubo ependoff e retirar uma alça de cultura bacteriana.

5. Abrir a tampa da placa de Petri com a mão esquerda e, segurando-a, colocar o inóculo, ou seja, a ansa que contém a gota de suspensão, na superfície da placa de ágar e espalhar o inóculo de um lado para o outro em linhas paralelas ao longo da superfície da placa de ágar, sem tocar no limite da placa de Petri.

6. Após a conclusão da estria, a ansa é novamente esterilizada e, em seguida, é utilizado etanol para limpar.

7. Proceder de forma semelhante para as outras placas e, por fim, incubar todas as placas a 37^0 C, em posição invertida, durante 24 horas.

Após a incubação, cada placa deve ser examinada para verificar o crescimento bacteriano e, após 24 horas, o crescimento de *E. coli* é estabelecido de forma a que se observe um crescimento denso no local onde foi feito o traço inicial e, com o processo posterior, torna-se menos denso e observam-se colónias únicas de *E. coli* nas placas de Petri. Durante a execução do método, devem ser tomadas algumas precauções, nomeadamente não pressionar a ansa com demasiada força contra a superfície do ágar, uma vez que isso a romperá. A tampa da placa de Petri não deve estar completamente aberta. As placas de Petri devem ser armazenadas a 40 °C.

4.2.4 Preparação do caldo de cultura de *E.coli*

4.2.4.1 Preparação de meios de cultura de nutrientes
O meio de cultura de caldo nutriente é necessário para o crescimento de *E.coli*. O meio N.B. é preparado de acordo com a sua diluição padrão, que é de 13 g em 1 litro de água.

Material necessário: frasco cónico autoclavado e água destilada, espátula, caldo nutritivo, algodão, balança, proveta, copo.

Procedimento

1. A preparação de 50 ml de meio N.B. é feita com a pesagem de 0,65 gm de caldo nutritivo utilizando uma espátula.

2. Após a pesagem, verter 40 ml de água destilada autoclavada para o erlenmeyer com uma proveta graduada e, em seguida, adicionar o caldo nutritivo ao erlenmeyer, devendo o volume final atingir 50 ml

3. Tapar o frasco cónico com algodão e depois autoclavar os meios para os tornar livres de contaminação.

4.2.4.2 Caldo de cultura *E.coli*
Para a preparação do caldo de cultura de *E.coli,* deve ser necessário o meio N.B.

Material necessário: Meios N.B., tubos falcon esterilizados, placas de cultura *E.coli*, ansa de inoculação,

Bico de Bunsen, suporte para tubo de falcão, etanol a 70%.

Procedimento

1. O primeiro passo é deitar 10 ml ou 8 ml de meio N.B. nos tubos falcon dentro do fluxo de ar laminar.

2. Em seguida, esterilizou a ansa de inoculação com o bico de Bunsen e deixou-a arrefecer até 25 segundos.

3. Abrir a tampa da placa N.A da cultura de *E.coli* e, com a ajuda da ansa de inoculação, retirar uma única colónia da cultura e mergulhá-la no tubo falcon com meio N.B. A rotulagem deve ser efectuada

4. Após estes passos, o passo seguinte é incubar o caldo na incubadora a 37° C e também deve ser efectuada a agitação no agitador a 150r.p.m durante 24 horas.

Após 24 horas, os meios tornam-se densos devido ao crescimento de *E.coli* no caldo e deve ser preparado caldo de cultura de *E.coli*. O armazenamento do caldo é efectuado a 40C.

4.2.5 Diluições de compostos de metais de transição.

Antes de efetuar o ensaio de difusão em poço, a concentração dos compostos de metais de transição deve ser feita de acordo com a sua quantidade. O método de diluição em série é seguido para diluir a concentração do composto até 10^{-5} . O composto deve ser diluído em DMSO, que é utilizado como solvente para estes complexos de metais de transição.

4.2.6 Ensaio de difusão em poço

É um dos métodos essenciais para testar a atividade antibacteriana dos compostos terapêuticos e é amplamente utilizado para medir a atividade antibacteriana desde há muitos anos[22].

Requisitos: micropipeta, caldo de *E.coli*, espátula, bico de Bunsen, saca-rolhas, pontas de micropipeta, placa de ágar nutriente, etanol a 70%, compostos de metais de transição, tubos ependoff, suporte para tubos, DMSO.

Procedimento

1. Deitar 200 ml de caldo *E.coli* na placa de ANA e espalhá-lo na superfície da placa com a ajuda de uma espátula e deixar secar durante 5-7 minutos.

2. Quando a placa secar, criar sete poços com a ajuda de pontas de plástico micropitte. O tamanho adequado dos poços deve ser de 6 mm e a distância entre eles deve ser de 20 mm.

3. Agora, adicionar 100 pl de diferentes concentrações de solução aos poços juntamente com DMSO, que é utilizado como controlo negativo.

4. Incubar as placas a 370C , durante a noite, e registar a zona de inibição.

O mesmo procedimento é repetido com todos os compostos.

5. Resultados e discussão.

5.1 Avaliação da atividade antibacteriana.

Para avaliar as actividades antibacterianas do complexo de metal de transição em condições in-vitro, o ensaio de difusão em poço é realizado para verificar as actividades dos compostos dados no organismo modelo gram-negativo *E.coli*. A atividade dos compostos foi verificada em diferentes taxas de diluição e a validação dos dados é feita na tabela4. Observando a zona de inibição que ocorre nas placas.

A atividade de alguns dos compostos observados é positiva e outros também são negativos. As figuras seguintes das placas de Petri submetidas ao ensaio de difusão em poços mostram uma pequena zona de inibição para alguns compostos que foram utilizados no nosso presente estudo.

5.2 Números

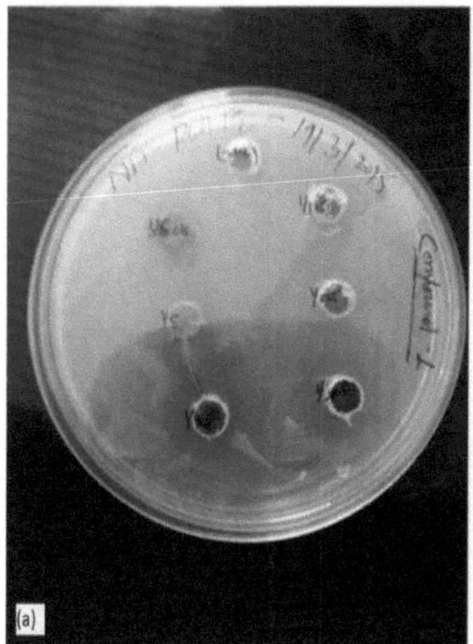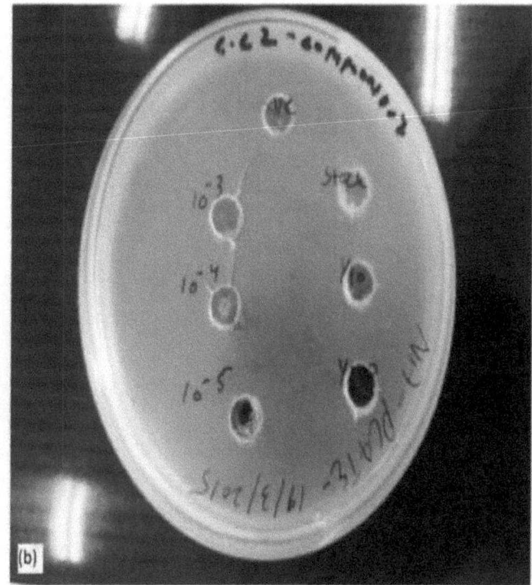

Fig (a). Teste antibacteriano para o compostol Fig   (b). Teste antibacteriano para o composto 2

1. A figura (a) mostra o ensaio de difusão em poço realizado para o composto 1, que foi codificado como C.C-1, para avaliar a atividade antibacteriana contra o organismo modelo gram-negativo *E.coli.* São criados sete poços e a amostra de 100 pl é inoculada em cada poço, exceto no controlo negativo, no qual é carregado DMSO. A figura mostra claramente que é observada uma pequena zona de inibição nas soluções de reserva.

2 A figura (b) mostra o composto2 e este também será submetido ao mesmo método, mas não existe zona de inibição para este composto, pelo que não tem atividade antibacteriana.

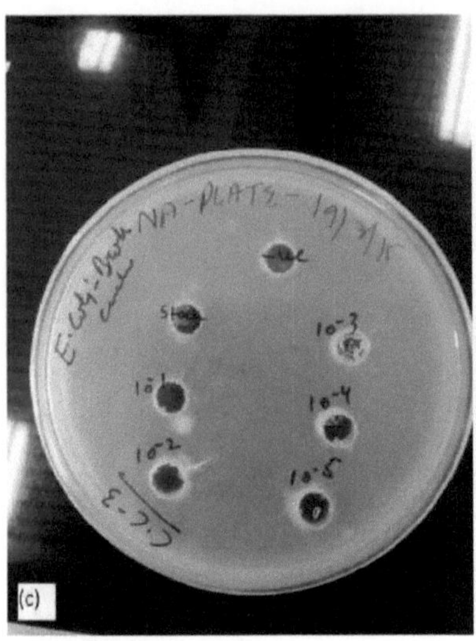
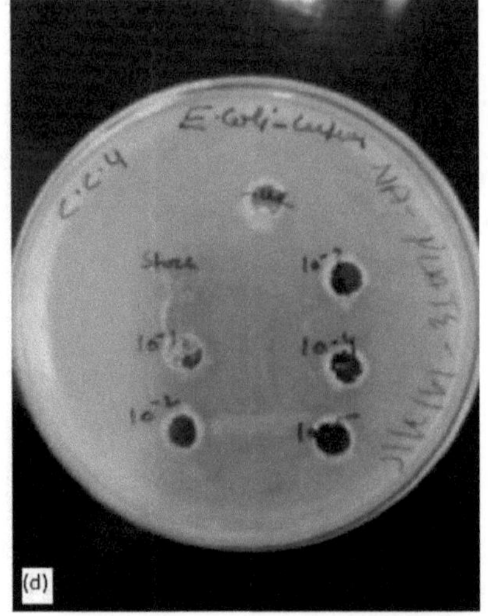

Fig(c).Teste antibacteriano para os   Fig (d).Teste antibacteriano para o

1. Fig(c).Esta figura mostra o ensaio de difusão em poço para os compostos codificados como C.C-S e não há zona de inibição para este composto, pelo que não tem atividade antibacteriana para a *E.coli*.

2. Fig (d). Nesta figura, a atividade é realizada para o composto 4, que é codificado como C.C-4, e mostra atividade antibacteriana, uma vez que há o aparecimento da zona de inibição na solução de reserva e na diluição de 10^{-1} . Assim, mostra um resultado positivo para a atividade contra *E.coli*.

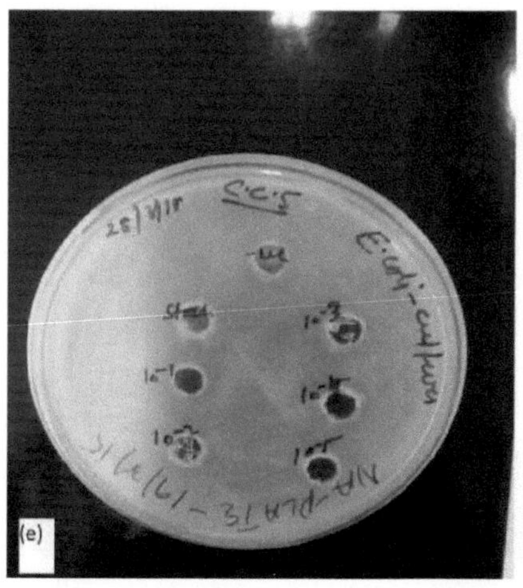
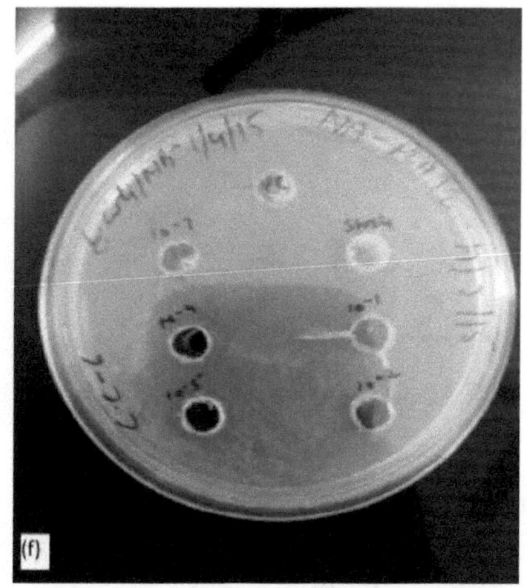

Fig (e).Teste antibacteriano para os

Fig (f). Teste antibacteriano para o composto6

1. Fig (e). Esta figura mostra o ensaio de difusão em poço para os compostos codificados como C.C-S e mostra a zona de inibição em três diluições diferentes, incluindo a solução de reserva. Assim, a atividade antibacteriana deste composto é positiva em *E.coli*.

2. Fig (f). Nesta figura, o composto6, codificado como C.C-6, é submetido a um ensaio de difusão em poço e observa-se que o composto apresenta atividade antibacteriana contra a *E.coli*, uma vez que surge uma zona de inibição na solução de reserva, bem como na diluição de 10^{-1} .

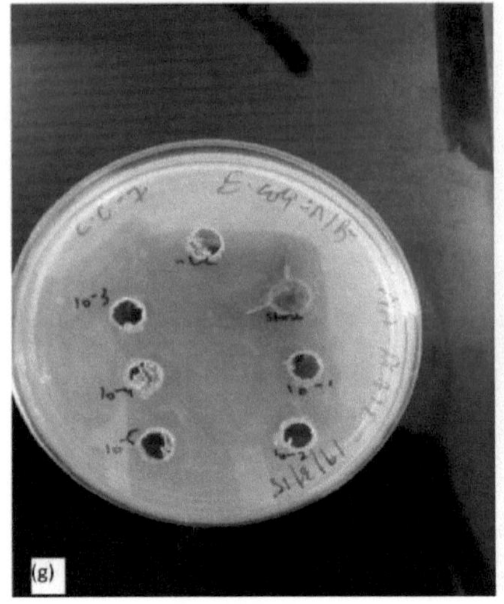

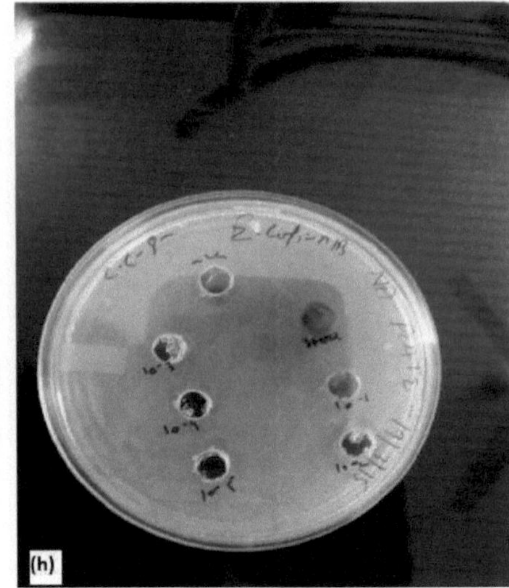

Fig (g).Teste antibacteriano para o

Fig (h). Teste antibacteriano dos

1. Fig (g). Nesta figura, a atividade é realizada para o composto? que é codificado como C.C-? e há uma zona de inibição observada para este composto. Assim, não mostra atividade antibacteriana contra a bactéria gram-negativa *E.coli*.

2. Fig (h). Isto mostra os compostos, codificados como C.C-S e, mais uma vez, neste composto não se observa qualquer atividade antibacteriana, uma vez que mostra difusão, pelo que o crescimento bacteriano não foi inibido por este composto. Não se observa qualquer zona de inibição.

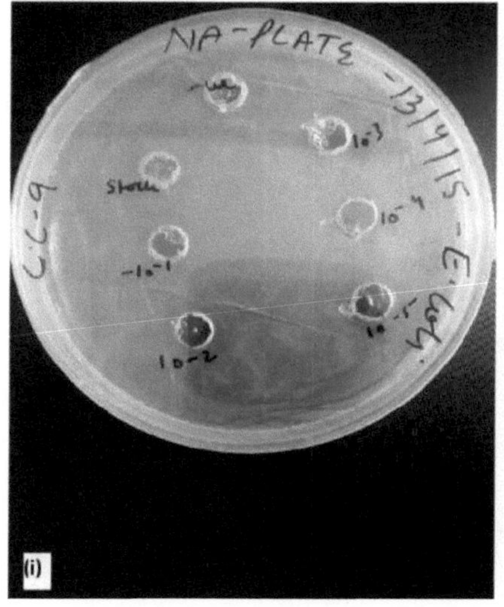

Fig (i). Teste antibacteriano para o

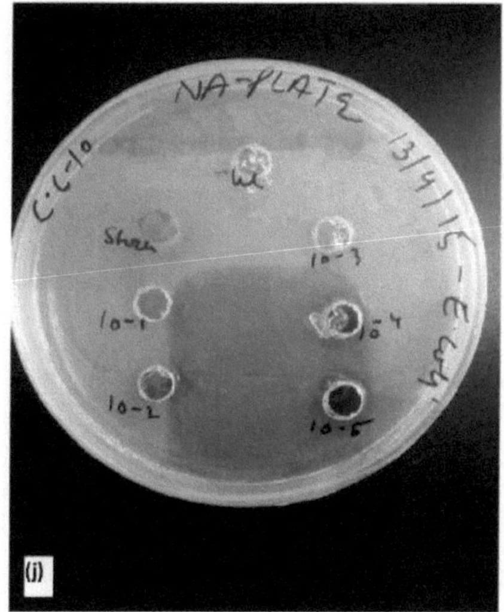

Fig (j).Teste antibacteriano para o

1. Fig (i). Nesta figura, o teste antibacteriano é efectuado para o composto 9, codificado como C.C-9, e mostra a zona de inibição para três diluições diferentes, incluindo a solução de reserva. Assim, este composto possui atividade antibacteriana contra a bactéria gram-negativa *E.coli*.

2. Fig (j). Esta figura está associada ao composto10, codificado como C.C-10 e o teste antibacteriano para este composto é observado positivo em todas as seis diluições, incluindo a solução de reserva. A zona de inibição é claramente observada em todas as diluições.

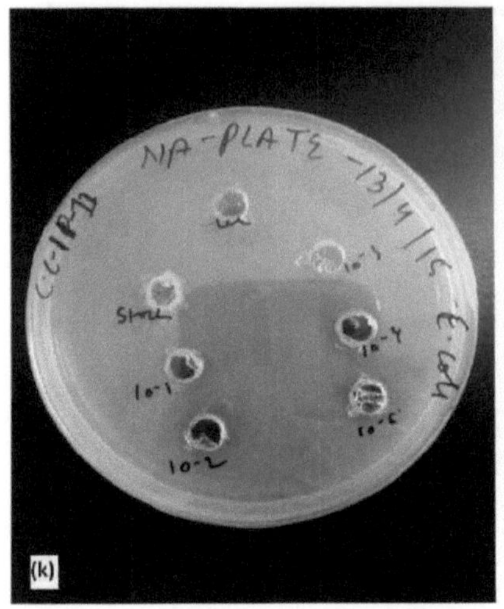 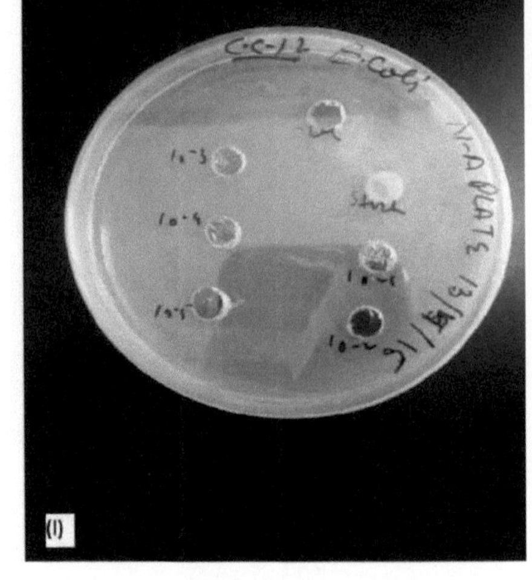

Fig(k).Teste antibacteriano para o compostoll

Fig(l).Teste antibacteriano para o

1. Fig (k). Nesta figura, o ensaio de difusão em poço é realizado para o composto11, codificado como C.C-11, e não se observa qualquer zona de inibição para este composto, pelo que não tem atividade antibacteriana para a *E. coli* gram-negativa.

2. Fig (l). Nesta figura, o ensaio de difusão em poço é realizado para o composto12, codificado como C.C-12 e não há observação da zona de inibição para este composto, pelo que não possui atividade antibacteriana para a *E. coli* gram-negativa.

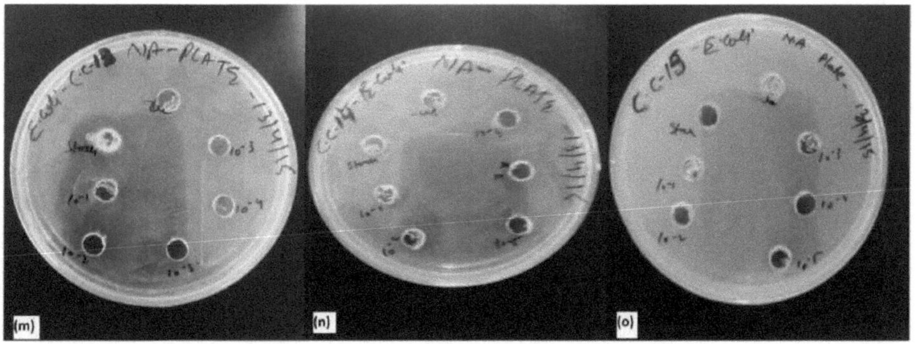

Fig (m) Teste antibacteriano do C.C-13 Fig (n) Teste antibacteriano do C.C-14 Fig (o) Teste do C.C -15

1. Fig (m). Esta figura mostra o ensaio de difusão em poço para o composto13, codificado como C.C-13, e mostra a zona de inibição na solução de reserva. Assim, a atividade antibacteriana deste composto é positiva para *E. coli* gram-negativa.

2. Fig (n). Nesta figura, a atividade é realizada para o composto14, que é codificado como C.C-14, e mostra atividade antibacteriana, uma vez que há o aparecimento da zona de inibição na solução de reserva e na diluição de 10^{-1}. Assim, mostra um resultado positivo para a atividade contra *E.coli*.

3. Fig (o). Nesta figura, o ensaio de difusão em poço é realizado para o composto15, codificado como C.C-15, e não se observa qualquer zona de inibição para este composto, pelo que não possui atividade antibacteriana para *E. coli* gram-negativa.

Tabela 4. Avaliação da atividade antibacteriana dos compostos de metais de transição em diferentes concentrações de diluição.

compound code	compound name	colour	quantity(mg)	zone of clearance	stock sol.	dil. 10^{-1}	dil.10^{-2}	dil10^{-3}	dil.10^{-4}	dil.10^{-5}
C.C-1	TMCMP003-093	Brown	2.5	positive	✓	x	x	x	x	x
C.C-2	TMCMP003-106	light cream	2.2	negative	x	x	x	x	x	x
C.C-3	TMCMP003-094	lemon yellow	1.9	negative	x	x	x	x	x	x
C.C-4	TMCMP003-070	orange	1.9	positive	✓	✓	x	x	x	x
C.C-5	TMCMP003-061	light green	2.1	positive	✓	✓	✓	x	x	x
C.C-6	TMCMP003-062	yellow	2.3	positive	✓	✓	x	x	x	x
C.C-7	TMCMP003-063	light orange	2.1	negative	x	x	x	x	x	x
C.C-8	TMCMP003-071	black	2.3	negative	x	x	x	x	x	x
C.C-9	TMCMP003-066	light green	2.2	positive	✓	✓	✓	x	x	x
C.C-10	TMCMP003-098	orange	2.2	positive	✓	✓	✓	✓	✓	✓
C.C-11	TMCMP003-065	cream	2.7	negative	x	x	x	x	x	x
C.C-12	TMCMP003-111	yellow	2.3	negative	x	x	x	x	x	x
C.C-13	TMCMP003-060	yellow	2.2	positive	✓	x	x	x	x	x
C.C-14	TMCMP003-076	orange	2.6	positive	✓	✓	x	x	x	x
C.C-15	TMCMP003-068	lemon yellow	2.5	negative	x	x	x	x	x	x

A tabela acima mostra o resultado validado de quinze compostos diferentes de complexos de metais de transição em diferentes diluições. Estas diluições são efectuadas para verificar a atividade dos compostos a baixa concentração, sendo a concentração eficaz de 10p g/ml para inibir o crescimento bacteriano. A tabela está associada à zona de inibição e à cor caraterística dos compostos, juntamente com o seu código e o símbolo do composto.

A atividade antibacteriana de quinze compostos de complexos de metais de transição foi realizada e, destes, oito compostos mostram atividade antibacteriana contra a estirpe gram-negativa *E.coli* DH5-a e o composto10, codificado como C.C-10, designado como TMCMP003-O98 mostra inibição em todas as diluições. Os restantes compostos não possuem atividade antibacteriana para a estirpe de *E. coli* gram-negativa.

6. Resumo

Na história, o aparecimento do mundo microbiano desempenhou um papel fundamental, sob diversas formas, na manutenção da existência de vida no planeta Terra. Os microrganismos sofreram várias alterações com o passar do tempo e desenvolveram a patogénese. Os microrganismos patogénicos tornaram-se uma grande preocupação desde o passado até ao presente, com o aparecimento de microrganismos patogénicos surgem também muitas novas doenças infecciosas. Embora todas as formas de bactérias não sejam prejudiciais para o ser humano, alguns dos microrganismos patogénicos não causam qualquer infeção. Vivem com um equilíbrio adequado dentro do corpo. O primeiro agente causador foi descoberto por Robert Koch e o trabalho neste domínio começa no tempo de Pasteur. Posteriormente, o desenvolvimento de compostos bioactivos, bem como de antibióticos, revolucionou o campo da microbiologia médica. A era dos antibióticos revelou-se uma bênção para a humanidade, mas, com o passar do tempo, vários micróbios desenvolveram resistência aos antibióticos, o que diminuiria o efeito dos agentes antimicrobianos nos micróbios resistentes. Assim, devem ser consideradas estratégias alternativas para ultrapassar este problema e foram desenvolvidos novos métodos, como nanopartículas como antimicrobianos, novos fármacos sintéticos e complexos de metais de transição. O desenvolvimento de uma nova classe de antibióticos é moroso e não é tão eficaz como estes novos métodos. A síntese de muitos complexos de metais de transição possui atividade antibacteriana e serve como fonte de agente antimicrobiano contra vários microrganismos patogénicos e desempenha um papel fundamental nas indústrias farmacêuticas para o desenvolvimento de vários fármacos potenciais contra várias doenças nocivas. No presente estudo, a atividade antibacteriana dos metais de transição foi avaliada contra o microrganismo gram-negativo *E.coli*. Alguns dos compostos de metais de transição mostram atividade antibacteriana contra este microrganismo em diluições variáveis e alguns não mostram qualquer atividade. Além disso, se estes metais de transição não apresentarem toxicidade para as linhas celulares humanas, podem ser utilizados como medicamentos contra micróbios nocivos. O composto que mostra atividade antibacteriana seria testado para estirpes resistentes a medicamentos, como a MRSA.

REFERÊNCIAS

1. Ivanova K, Fernandes M, Tzanov T, Mendez-Vilas A (2013) Avanços actuais na inibição da patogénese bacteriana e estratégias de tratamento. Agentes patogénicos microbianos e estratégias para os combater: ciência, tecnologia e educação Mendez-Vilas A (ed) 1: 322-336.

2. Kaufmann SH, Schaible UE (2005) 100° aniversário do Prémio Nobel de Robert Koch pela descoberta do bacilo da tuberculose. TRENDS in Microbiology 13: 469-475.

3. Münch R (2003) Robert Koch. Micróbios e Infeção 5: 69-74.

4. Fredericks D, Relman DA (1996) Sequence-based identification of microbial pathogens: a reconsideration of Koch's postulates. Clinical microbiology reviews 9: 18-33.

5. Casadevall A, Pirofski L-a (2000) Host-pathogen interactions: basic concepts of microbial commensalism, colonization, infection, and disease. Infeção e Imunidade 68: 6511-6518.

6. Radie N, Bratkovic T Future Antibiotic Agents: Inspirando-se na natureza.

7. Perumal Samy R, Gopalakrishnakone P (2010) Potencial terapêutico das plantas como agentes antimicrobianos para a descoberta de medicamentos. Medicina complementar e alternativa baseada em evidências 7: 283-294.

8. Aminov RI (2010) A brief history of the antibiotic era: lessons learned and challenges for the future. Fronteiras em microbiologia 1.

9. Jacoby GA (2009) History of drug-resistant microbes (História dos micróbios resistentes aos medicamentos). Antimicrobial drug resistance (Resistência aos medicamentos antimicrobianos): Springer. pp. 3-7.

10. Davies J, Davies D (2010) Origins and evolution of antibiotic resistance (Origens e evolução da resistência aos antibióticos). Microbiology and Molecular Biology Reviews 74: 417-433.

11. Chadwick D, Goode J (1997) Antibiotic resistance: origins, evolution, selection, and

spread: John Wiley & Sons Inc.

12. Hajipour MJ, Fromm KM, Ashkarran AA, de Aberasturi DJ, de Larramendi IR, Rojo T, Serpooshan V, Parak WJ, Mahmoudi M (2012) Antibacterial properties of nanoparticles. Tendências em biotecnologia 30: 499-511.

13. Kim JS, Kuk E, Yu KN, Kim J-H, Park SJ, Lee HJ, Kim SH, Park YK, Park YH, Hwang C-Y (2007) Antimicrobial effects of silver nanoparticles. Nanomedicina: Nanotecnologia, Biologia e Medicina 3: 95-101.

14. Sondi I, Salopek-Sondi B (2004) Silver nanoparticles as antimicrobial agent: a case study on E. coli as a model for Gram-negative bacteria. Journal of colloid and interface science 275: 177-182.

15. Khani S, M Hosseini H, Taheri M, R Nourani M, A Imani Fooladi A (2012) Probióticos como estratégia alternativa para a prevenção e tratamento de doenças humanas: uma revisão. Inflammation & Allergy-Drug Targets (anteriormente Current Drug Targets-Inflammation & Allergy) 11: 79-89.

16. Pattan S, Pawar S, Vetal S, Gharate U, Bhawar S (2012) O âmbito dos complexos metálicos na conceção de medicamentos - uma revisão. Indian Drugs 49: 5-12.

17. Raman N, Raja JD, Sakthivel A (2007) Síntese e caraterização espetral de complexos de metais de transição de base de Schiff: Estudos de clivagem de ADN e de atividade antimicrobiana. Jornal de Ciências Químicas 119: 303-310.

18. Ogunniran K, Tella A, Alensela M, Yakubu M (2007) Síntese, propriedades físicas, potencial antimicrobiano de alguns antibióticos complexados com metais de transição e os seus efeitos nas actividades da fosfatase alcalina de tecidos de rato seleccionados. Afr J Biotechnol 6: 1202-1208.

19. Rafique S, Idrees M, Nasim A, Akbar H, Athar A (2010) Complexos de metais de transição como potenciais agentes terapêuticos. Biotechnology and Molecular Biology Reviews 5: 38-45.

20. Hariprasath K, Deepthi B, Babu IS, Venkatesh P, Sharfudeen S, Soumya V (2010) Jornal de Investigação Química e Farmacêutica. J Chem 2: 496-499.

21. Rammler DH, Zaffaroni A (1967) BIOLOGICAL IMPLICATIONS OF DMSO BASED ON A REVIEW OF ITS CHEMICAL PROPERTIES*. Anais da Academia de Ciências de Nova Iorque 141: 13-23.

22. Pati U, Kurade N (2012) Métodos de rastreio antibacteriano para a avaliação de produtos naturais.

Printed by Books on Demand GmbH, Norderstedt / Germany